Intelligence Artificielle & Productivité

Le guide pratique pour gagner du temps, automatiser ton travail et générer plus de revenus

Intelligence Artificielle & Productivité

Le guide pratique pour gagner du temps, automatiser ton travail et générer plus de revenus

Intelligence Artificielle & Productivité

Le guide pratique pour gagner du temps, automatiser ton travail et générer plus de revenus

SOMMAIRE :

Intelligence Artificielle & Productivité

Le guide pratique pour gagner du temps, automatiser ton travail et générer plus de revenus

Chapitre 1

L'IA en 2025 : comprendre pour mieux exploiter

Nous sommes au début d'un changement historique

Chaque génération vit sa révolution.

Nos grands-parents ont connu l'électricité et l'automobile.

Nos parents ont connu l'informatique et Internet.

Notre génération connaît l'intelligence artificielle.

La différence ?

Cette révolution est plus rapide que toutes les précédentes.

En moins de trois ans, l'IA est passée d'un outil expérimental à un assistant quotidien utilisé par des centaines de millions de personnes. Des étudiants l'utilisent pour réviser. Des salariés pour rédiger des rapports. Des entrepreneurs pour lancer des business. Des freelances pour multiplier leur productivité.

Et pendant que certains hésitent encore, d'autres ont déjà pris une avance considérable.

Ce chapitre a un objectif simple :

te donner une compréhension claire, pratique et sans jargon de ce qu'est réellement l'intelligence artificielle en 2025 — et surtout comment l'utiliser intelligemment.

Tu n'as pas besoin d'être ingénieur.

Tu n'as pas besoin de comprendre les mathématiques derrière les algorithmes.

Tu as besoin de comprendre :

- Ce que l'IA peut faire

- Ce qu'elle ne peut pas faire
- Quels outils utiliser
- Comment choisir les bons selon ton profil

C'est tout.

1. L'intelligence artificielle expliquée simplement

Oublie les termes techniques.

L'intelligence artificielle, aujourd'hui, c'est essentiellement :

Un système capable d'analyser d'énormes quantités d'informations et de produire une réponse pertinente à partir de ce que tu lui demandes.

Elle ne réfléchit pas comme un humain.

Elle ne "comprend" pas vraiment.

Elle calcule des probabilités extrêmement avancées.

Imagine que tu aies lu 10 millions de livres.

Que tu aies analysé des milliards de phrases.

Que tu aies étudié des millions de conversations.

Tu finirais par comprendre :

- Comment structurer une idée
- Comment rédiger un email professionnel
- Comment répondre à une question complexe
- Comment résumer un document

C'est exactement ce que fait une IA comme ChatGPT.

Elle ne pense pas.

Elle prédit le mot suivant le plus probable en fonction du contexte.

Et cette prédiction est devenue incroyablement performante.

2. Pourquoi 2025 change tout

L'IA existe depuis longtemps.

Mais 2025 est un tournant pour trois raisons majeures :

1� La puissance

Les modèles actuels sont capables de :

- Rédiger des rapports professionnels
- Analyser des PDF de 300 pages
- Générer du code fonctionnel
- Créer des images réalistes
- Produire des vidéos
- Résumer des réunions automatiquement
- Automatiser des workflows complets

Nous ne sommes plus dans l'expérimentation.
Nous sommes dans l'application concrète.
2� L'accessibilité
En 2020, il fallait être développeur pour utiliser l'IA.
En 2025 :

- Tu ouvres un navigateur.
- Tu écris une phrase.
- Tu obtiens un résultat.

C'est aussi simple qu'envoyer un message.
3� L'intégration dans les outils du quotidien
L'IA est désormais intégrée dans :

- Microsoft Word, Excel, Outlook (Copilot)
- Google Docs, Gmail, Sheets (Gemini)
- Canva
- Notion
- Outils CRM
- Outils marketing
- Outils de gestion de projet

Elle ne remplace pas tes outils.
Elle les améliore.
3. Les 3 grandes familles d'IA que tu dois connaître

Tu n'as pas besoin de connaître 200 outils.
Tu dois simplement comprendre 3 catégories.

I. Les IA de texte (les plus importantes)

Ce sont celles qui :

- Rédigent
- Résument
- Analysent
- Traduisent
- Brainstorment
- Génèrent des idées
- Produisent du code

Les principales :

� ChatGPT (OpenAI)
Le plus polyvalent.
Rédaction, analyse, création d'images, code, stratégie.
C'est le couteau suisse de l'IA.

� Claude (Anthropic)
Excellent pour les longs documents et l'analyse approfondie.

� Gemini (Google)
Très intégré à l'écosystème Google (Gmail, Docs).

� Microsoft Copilot
Intégré dans Word, Excel, Outlook.
Si tu ne devais en choisir qu'un pour commencer :

� ChatGPT

II. Les IA d'image et vidéo

Elles transforment du texte en visuels.
Tu écris :
"Un bureau moderne avec vue sur l'océan, style minimaliste"
L'IA crée l'image.

Outils populaires :

- Midjourney
- DALL-E
- Leonardo AI
- Runway (vidéo)
- Sora (vidéo avancée)

Utiles pour :

- Marketing
- Réseaux sociaux
- Couvertures d'ebooks
- Publicités
- Branding

III. Les IA d'automatisation
Ce sont les plus puissantes à long terme.
Elles connectent des outils entre eux.
Exemple :

- Un email arrive
- L'IA le résume
- Elle crée une tâche
- Elle envoie une réponse automatique
- Elle met à jour ton CRM

Sans intervention humaine.
Outils :

- Zapier
- Make
- n8n

Nous verrons cela en détail au chapitre 7.

4. Ce que l'IA fait extrêmement bien

Soyons clairs.

L'IA n'est pas magique.

Mais elle excelle dans certains domaines.

� Traiter beaucoup d'informations

Elle peut analyser en quelques secondes ce qui te prendrait des heures.

� Produire un premier brouillon

Page blanche ? Disparue.

� Reformuler

Rendre un texte plus clair, plus court, plus professionnel.

� Générer des idées

Tu bloques ? Elle propose 50 angles en 30 secondes.

� Automatiser les tâches répétitives

Emails standards, réponses clients, reporting.

5. Ce que l'IA ne fait PAS

C'est crucial.

� Elle ne pense pas

Elle prédit.

� Elle peut inventer des informations

Toujours vérifier les faits importants.

� Elle ne comprend pas ton contexte

Si tu ne donnes pas d'informations, elle produira du générique.

� Elle ne remplace pas le jugement humain

Stratégie, vision, éthique = toujours humain.

6. Comment choisir les bons outils selon ton profil

Simplifions.

Salarié débordé

Commence par :

- ChatGPT (gratuit ou Plus)
- Copilot ou Gemini si ton entreprise l'utilise

Objectif : gagner du temps.

Freelance

Commence par :

- ChatGPT Plus
- Claude
- Un outil d'image (Midjourney ou DALL-E)

Objectif : produire plus, facturer plus.

Entrepreneur

Commence par :

- ChatGPT Plus
- Un outil d'image
- Make ou Zapier
- Perplexity pour la recherche

Objectif : créer des systèmes automatiques.

Étudiant ou reconversion

Commence par :

- ChatGPT gratuit
- Claude gratuit
- Perplexity

Objectif : apprendre vite, produire mieux.

7. Gratuit ou payant ?

Commence gratuit.
Mais retiens ceci :
Si un outil à 20€ te fait gagner
3 heures par semaine
et que ton temps vaut 20€/heure...
Tu gagnes 240€ par mois en productivité.

L'investissement est évident.

8. Les mythes à éliminer

"L'IA va prendre mon travail"

Non.

Les personnes qui utilisent l'IA remplaceront celles qui ne l'utilisent pas.

"Il faut être technique"

Non.

Il faut savoir écrire clairement.

"Le contenu IA est mauvais"

Le contenu mal utilisé est mauvais.

Le contenu bien dirigé est excellent.

9. La compétence clé de 2025

La compétence la plus importante n'est pas :

- Le marketing
- Le code
- Le design
- La finance

C'est :

Savoir collaborer avec l'IA.

Celui qui sait bien poser des instructions
multiplie sa productivité.

Celui qui ne sait pas
obtient des résultats moyens.

Et c'est exactement ce que tu vas apprendre au chapitre suivant.

10. Ton premier pas immédiat

Ne ferme pas ce chapitre sans agir.

Ouvre ChatGPT.

Écris :

"Voici mon métier : ________.

Donne-moi 10 façons concrètes dont tu pourrais m'aider à gagner du temps et augmenter mes revenus."

Lis les réponses.

Choisis-en une.

Teste-la aujourd'hui.

Conclusion du Chapitre 1

Tu comprends maintenant :

- Ce qu'est réellement l'IA
- Pourquoi 2025 est un tournant
- Les outils essentiels
- Comment choisir selon ton profil
- Ce qu'elle peut faire (et ne pas faire)
- Pourquoi tu dois commencer maintenant

Tu n'as plus d'excuse.

La technologie est prête.

Les outils sont accessibles.

Le coût est minime.

Le potentiel est immense.

La seule variable restante, c'est toi.

Au chapitre 2, nous allons voir la compétence qui change tout :

L'art du prompt.

Parce que l'IA est puissante.

Mais elle devient exceptionnelle

quand tu sais lui parler.

Chapitre 2 : Maîtriser le prompt : l'art de parler à l'IA

La vérité que personne ne dit

La différence entre quelqu'un qui obtient des résultats moyens avec l'IA...

et quelqu'un qui obtient des résultats exceptionnels...

... ne vient pas de l'outil.

Elle vient de la manière dont il pose ses instructions.

Même outil.
Même abonnement.
Résultats radicalement différents.
Pourquoi ?
Parce que l'IA est un amplificateur.
Elle amplifie la clarté.
Elle amplifie la précision.
Elle amplifie l'intention.
Si ta demande est floue → la réponse sera floue.
Si ta demande est stratégique → la réponse sera stratégique.
Bienvenue dans la compétence clé de 2025 :
le prompting.

1. Qu'est-ce qu'un prompt ?

Un prompt, c'est simplement :
L'instruction que tu donnes à l'IA.
Mais en pratique, c'est beaucoup plus que ça.
Un bon prompt contient :

- Un contexte
- Un objectif clair
- Un rôle
- Des contraintes
- Un format attendu

Plus tu donnes d'informations pertinentes, plus le résultat est professionnel.

2. Pourquoi 80% des gens utilisent mal l'IA

Voici un exemple classique :
� Mauvais prompt :
"Écris un email professionnel."
Résultat :
Un email générique, sans contexte, sans impact.
Maintenant regarde ceci :

◈ Bon prompt :

"Rédige un email professionnel destiné à un prospect qui a téléchargé mon guide gratuit mais n'a pas encore acheté. Ton objectif est de relancer sans être insistant. Style : clair, direct, humain. Longueur : 150 mots maximum. Inclure un appel à l'action simple."

Tu vois la différence ?

La qualité de l'instruction détermine la qualité du résultat.

3. La formule universelle du prompt efficace

Utilise cette structure :

CONTEXTE

RÔLE

OBJECTIF

CONTRAINTES

FORMAT

Exemple :

Contexte : Je suis freelance en marketing digital.

Rôle : Tu es un expert en copywriting B2B.

Objectif : Rédiger une proposition commerciale convaincante.

Contraintes : Ton professionnel, 400 mots maximum, orienté résultats.

Format : Structuré avec titres et bullet points.

Cette structure change tout.

4. Technique n°1 : Donner un rôle précis

Quand tu donnes un rôle à l'IA, tu augmentes immédiatement la qualité.

Exemples :

- "Agis comme un expert en négociation."
- "Tu es un recruteur senior."
- "Tu es un consultant en stratégie digitale."
- "Tu es un coach en productivité."

Pourquoi ça marche ?

Parce que l'IA adapte :

- Le ton
- Le vocabulaire
- La structure
- La profondeur

5. Technique n°2 : Être ultra-spécifique

Plus tu es précis, meilleur est le résultat.

⟐ "Donne-moi des idées de business."

⟐ "Donne-moi 10 idées de business en ligne nécessitant moins de 500€ d'investissement initial, pouvant générer au moins 2000€/mois sous 6 mois, adaptées à une personne travaillant à temps plein."

Spécificité = pertinence.

6. Technique n°3 : Définir le format de sortie

Tu peux demander :

- Liste numérotée
- Tableau comparatif
- Plan détaillé
- Script mot à mot
- Check-list
- Plan d'action sur 30 jours
- Email prêt à envoyer
- Résumé en 5 points

Exemple :

Résume ce document en 5 bullet points actionnables.

7. Technique n°4 : L'amélioration progressive

Tu n'es pas obligé d'obtenir le résultat parfait en une seule fois.

Utilise le dialogue.

Exemple :

1. "Propose-moi un plan d'article."
2. "Développe le point 2."

3. “Rends le ton plus percutant.”
4. “Ajoute des exemples concrets.”

L’IA est un collaborateur, pas une machine à réponse unique.

8. Technique n°5 : Fournir des exemples

L’IA imite les exemples que tu lui donnes.

Exemple :

Voici le style d’écriture que j’aime : [copie un paragraphe].

Rédige un texte dans le même style sur le sujet suivant : ______.

Résultat : bien plus personnalisé.

9. Templates prêts à utiliser

Voici maintenant des modèles concrets que tu peux copier-coller.

Template Email professionnel

Contexte : Je dois répondre à ce message client : [colle le message].

Rôle : Tu es un expert en communication professionnelle.

Objectif : Rédiger une réponse claire, rassurante et structurée.

Contraintes : Ton professionnel, 200 mots max.

Format : Email prêt à envoyer.

Template CV optimisé

Voici mon CV : [colle ton CV].

Rôle : Tu es recruteur dans le secteur ______.

Objectif : Optimiser mon CV pour augmenter mes chances d’entretien.

Propose des améliorations concrètes et reformule les points faibles.

Template Proposition commerciale

Rôle : Consultant senior en vente B2B.

Objectif : Créer une proposition commerciale pour un client dans le secteur ______.

Inclure : problème, solution, bénéfices, prix, appel à l’action.

Ton : convaincant mais non agressif.

Template Post LinkedIn

Rôle : Expert en personal branding.

Objectif : Rédiger un post LinkedIn sur ______.

Structure : Hook fort + histoire courte + leçon + question finale.
Longueur : 150-250 mots.

Template Analyse stratégique

Rôle : Consultant en stratégie.
Analyse ce business : [description].
Identifie : forces, faiblesses, opportunités, menaces.
Donne 5 recommandations concrètes prioritaires.

Template Brainstorming

Donne-moi 30 idées originales pour ______.
Classe-les par niveau de difficulté (facile, moyen, avancé).
Ajoute une estimation de potentiel financier.

10. Prompts pour gagner du temps immédiatement

Voici des prompts ultra pratiques.

Résumer une réunion

Résume cette transcription en 5 décisions clés + 5 actions à mettre en place.

Organiser ta semaine

Voici ma liste de tâches : ______.
Organise-les selon la méthode Eisenhower (urgent / important).

Améliorer un texte

Améliore ce texte pour le rendre plus clair, plus persuasif et plus professionnel : ______.

Créer un plan de formation

Crée un plan d'apprentissage sur 30 jours pour maîtriser ______.

11. Les erreurs courantes en prompting

◈ Être vague
◈ Oublier le contexte
◈ Ne pas préciser le public cible
◈ Demander trop large
◈ Ne pas relancer pour améliorer

12. Le prompting avancé : penser en systèmes

Tu peux demander à l'IA de :

- Créer des SOP (procédures)
- Construire des scripts automatisables
- Structurer des workflows
- Générer des templates personnalisés

Exemple :

Crée un système complet pour gérer mes prospects entrants : qualification, email automatique, suivi, relance.

L'IA ne se limite pas à écrire.

Elle peut concevoir des systèmes.

13. La règle d'or

Ne demande pas :

"Fais ça."

Demande :

"Voici le contexte. Voici l'objectif. Voici les contraintes. Voici le format."

14. Exercice pratique (à faire maintenant)

Ouvre ChatGPT.

Écris :

Je veux améliorer ma productivité au travail.

Pose-moi 10 questions stratégiques pour comprendre ma situation et ensuite propose un plan personnalisé.

Tu viens de transformer l'IA en coach stratégique.

15. Le vrai pouvoir du prompting

Quand tu maîtrises le prompting :

- Tu penses plus clairement
- Tu formules mieux tes objectifs
- Tu structures mieux tes idées
- Tu gagnes du temps
- Tu produis à un niveau supérieur

Parce qu'en réalité...
Le prompting ne consiste pas seulement à mieux parler à l'IA.
Il consiste à mieux structurer ta pensée.

Conclusion du Chapitre 2

Tu sais maintenant :
� Structurer un prompt efficace
� Donner un rôle stratégique
� Être précis
� Définir le format
� Utiliser des templates
� Améliorer par itération
Et voici la vérité finale :
L'IA n'est pas impressionnante.
Ce qui est impressionnant, c'est ce que tu peux faire avec elle.
Au prochain chapitre, nous allons entrer dans le concret :
Comment récupérer **2 heures par jour** grâce à l'IA.
Parce que comprendre, c'est bien

Chapitre 3 : Gagner 2 heures par jour grâce à l'IA

Le vrai problème n'est pas le manque de temps

La plupart des gens disent :
"Je n'ai pas le temps."
En réalité, ils ont le temps.
Mais ils l'utilisent mal.
Chaque jour, tu perds du temps sur :

- Des emails répétitifs
- Des comptes-rendus de réunions
- Des recherches Google interminables
- De la reformulation
- De l'organisation

- Des tâches administratives

Des micro-tâches.
Elles semblent petites.
Mais cumulées, elles te volent entre **1h30 et 3h par jour**.
L'IA ne va pas travailler à ta place.
Elle va absorber ces tâches à faible valeur.
Et te rendre ton temps.

1. Le principe fondamental : déléguer l'exécution

Pose-toi cette question :
Est-ce que cette tâche nécessite réellement mon intelligence humaine ?
Si la réponse est non, l'IA peut probablement la faire.
Ton rôle doit évoluer :

- Moins d'exécution
- Plus de décision
- Plus de stratégie
- Plus de relationnel

L'IA devient ton assistant invisible.

2. Les emails : le plus grand voleur de temps

Temps moyen passé sur les emails :
1 à 2 heures par jour.
La majorité de ces emails sont :

- Des réponses répétitives
- Des confirmations
- Des relances
- Des clarifications

Solution 1 : Réponses instantanées

Prompt :
Voici l'email reçu : [colle le message].

Rédige une réponse professionnelle, claire et concise. Ton : cordial et efficace. 150 mots maximum.

Temps gagné : 5 à 10 minutes par email.

Solution 2 : Créer une bibliothèque de réponses

Demande à l'IA :

Crée 10 modèles d'emails professionnels pour : relance client, demande d'information, refus poli, négociation tarifaire, suivi de devis.

Tu réutilises ensuite ces modèles.

Solution 3 : Résumer des emails longs

Résume cet email en 3 points clés + action à effectuer.

Gain mental énorme.

3. Les comptes-rendus de réunion

Prendre des notes + structurer + envoyer = 30 à 60 minutes.

Solution IA

1. Enregistre la réunion (si autorisé).
2. Transcris-la (outil : Otter, Notion, Teams).
3. Demande :

Résume cette réunion en :

- *Décisions prises*
- *Actions à mener*
- *Responsables*
- *Deadlines*

Résultat : compte-rendu prêt en 2 minutes.

Temps gagné : 30 à 45 minutes.

4. Les recherches interminables

Tu ouvres Google.

Tu lis 6 articles.

Tu compares.
Tu hésites.
30 minutes disparaissent.

Solution IA

Prompt :

Fais une synthèse complète et structurée sur ______.

Inclure : définition simple, avantages, inconvénients, exemples concrets, recommandations pratiques.

Tu obtiens une synthèse claire en quelques secondes.
Pour plus de fiabilité, utilise aussi Perplexity (réponses sourcées).
Temps gagné : 20 à 40 minutes.

5. Organisation et planification

La désorganisation coûte du temps.
Tu changes de tâche sans cesse.
Tu oublies des priorités.
Tu procrastines.

Planification intelligente

Prompt :

Voici ma liste de tâches : ______.

Organise-les selon :

- *Priorité*
- *Urgence*
- *Impact*
  Propose un planning optimisé sur 5 jours.

Résultat : plan structuré.

Planifier une journée idéale

Voici mes objectifs du jour : ______.

Crée un planning optimisé en blocs de concentration.

6. Création de documents

Rapports.

Propositions.

Présentations.

Notes internes.

Tu passes 1 à 3 heures à structurer.

Structure automatique

Crée un plan détaillé pour un rapport sur ______ destiné à ______.

Puis :

Développe la section 1 en 400 mots.

Tu gagnes 50 % du temps.

7. Reformulation et amélioration

Tu écris un texte.

Tu relis.

Tu modifies.

Tu doutes.

Optimisation immédiate

Améliore ce texte pour le rendre plus clair, plus structuré et plus impactant : ______.

Ou :

Rends ce message plus professionnel sans le rendre froid.

Temps gagné : 10 à 20 minutes par document.

8. Création de présentations

Créer un PowerPoint prend du temps.

Avec l'IA

Prompt :

Crée la structure complète d'une présentation de 10 slides sur ______.

Pour chaque slide : titre + 3 points clés.

Tu n'as plus qu'à copier-coller.

Outils utiles :

- Gamma
- Canva IA
- Copilot PowerPoint

Temps gagné : 1 heure minimum.

9. Gestion des tâches répétitives

Tu fais chaque semaine :

- Factures
- Devis
- Relances
- Publication sur réseaux

Automatisation simple

Exemple avec Zapier ou Make :

- Nouveau client → création automatique de facture
- Formulaire rempli → email de bienvenue automatique
- Article publié → post LinkedIn généré

Une configuration = des dizaines d'heures économisées sur l'année.

10. Exemple concret : récupérer 2 heures réelles

Prenons une journée type.

Emails : -30 min

Recherche : -20 min

Compte-rendu : -30 min

Reformulation : -15 min

Organisation : -15 min

Création de contenu : -30 min

Total économisé : **2h20**

Multiplie par 5 jours :

10 heures par semaine

40 heures par mois

480 heures par an

C'est 3 mois de travail récupérés.

11. La méthode des 5 questions
Avant chaque tâche, demande-toi :

1. Est-ce répétitif ?
2. Est-ce structuré ?
3. Est-ce basé sur du texte ?
4. Est-ce que ça nécessite peu de jugement humain ?
5. Puis-je créer un template ?

Si tu réponds oui à 3 questions ou plus → délègue à l'IA.
12. Attention : ne délègue pas tout
Ne délègue pas :

- Les décisions stratégiques majeures
- Les négociations sensibles
- Les messages émotionnels importants
- Les validations finales

L'IA assiste.
Elle ne remplace pas.
13. Transformer le temps gagné
Le but n'est pas :

- Scroller plus
- Regarder plus de vidéos
- Remplir le temps vide

Le but est de :

- Développer une compétence
- Lancer un projet
- Créer une source de revenu
- Passer plus de temps avec tes proches

- Réfléchir stratégiquement

Le temps récupéré est un levier.
14. Exercice immédiat
Aujourd'hui :

1. Liste 10 tâches répétitives que tu fais chaque semaine.
2. Choisis-en 3.
3. Utilise l'IA pour les simplifier.
4. Mesure le temps gagné.

Fais-le pendant 7 jours.
Tu verras la différence.
15. La nouvelle règle du travail
Ancienne logique :
Je fais → je produis → je suis payé.
Nouvelle logique :
Je conçois → l'IA exécute → je décide → je scale.
Celui qui comprend cela prend une avance considérable.
Conclusion du Chapitre 3
Tu sais maintenant :
◈ Comment réduire le temps passé sur les emails
◈ Comment automatiser les comptes-rendus
◈ Comment accélérer les recherches
◈ Comment structurer tes documents
◈ Comment organiser ton planning
◈ Comment récupérer 2 heures par jour
Et rappelle-toi :
Le temps est la seule ressource non renouvelable.
L'IA ne te donne pas seulement de la productivité.
Elle te rend du temps de vie.
Dans le prochain chapitre, nous allons voir comment utiliser ce levier pour booster ta carrière.

Parce que gagner du temps, c'est bien.

Gagner en valeur professionnelle, c'est mieux.

Chapitre 4 : L'IA au service de ta carrière

Le monde du travail a changé — et vite

Il y a quelques années, la valeur d'un professionnel se mesurait à :

- Son expérience
- Ses diplômes
- Son réseau
- Sa capacité à travailler dur

En 2025, une nouvelle variable s'est ajoutée :

Sa capacité à travailler intelligemment avec l'IA.

Deux personnes avec le même diplôme.

Deux personnes avec la même expérience.

La première travaille 8 heures pour produire un rapport correct.

La seconde utilise l'IA et produit un rapport plus structuré, plus clair, plus stratégique... en 3 heures.

Devine laquelle sera perçue comme plus compétente.

L'IA ne remplace pas ton expertise.

Elle l'augmente.

Et dans ce chapitre, tu vas apprendre comment l'utiliser pour :

- Trouver un meilleur poste
- Obtenir une promotion
- Négocier une augmentation
- Impressionner en entretien
- Devenir incontournable dans ton entreprise

1. Transformer ton CV avec l'IA

Ton CV n'est pas un document.

C'est un outil de marketing personnel.
La plupart des CV sont :

- Trop descriptifs
- Trop vagues
- Trop génériques
- Axés sur les tâches plutôt que sur les résultats

L'IA peut corriger cela en quelques minutes.
Étape 1 : Optimiser ton CV existant
Prompt :
Voici mon CV : [colle ton CV]
Rôle : recruteur senior dans le secteur ______.
Objectif : optimiser mon CV pour maximiser mes chances d'entretien.
Améliore la clarté, l'impact et la mise en valeur des résultats.
Propose aussi des mots-clés adaptés aux ATS (logiciels de tri de CV).
Tu obtiens :

- Des formulations plus percutantes
- Des phrases orientées résultats
- Des suggestions d'amélioration

Étape 2 : Transformer les tâches en résultats
Mauvais exemple :
Gestion des réseaux sociaux.
Version optimisée :
Augmentation de 45 % de l'engagement en 6 mois grâce à une stratégie de contenu ciblée.
Prompt utile :
Transforme ces descriptions de tâches en résultats mesurables et impactants : ______.
Étape 3 : Adapter ton CV à chaque offre
Erreur classique : envoyer le même CV partout.

Prompt :

Voici une offre d'emploi : [colle l'annonce].

Adapte mon CV pour qu'il corresponde parfaitement aux attentes du recruteur.

Résultat : CV personnalisé en 5 minutes.

2. Rédiger une lettre de motivation puissante

90 % des lettres de motivation sont oubliables.

L'IA peut t'aider à créer une lettre :

- Ciblée
- Structurée
- Convaincante
- Authentique

Prompt :

Rôle : recruteur exigeant.

Rédige une lettre de motivation personnalisée pour ce poste : [annonce].

Mets en avant mes compétences clés : ______.

Ton : professionnel, humain, confiant.

Ensuite :

Rends-la plus naturelle et moins générique.

Toujours personnaliser la version finale.

3. Préparer un entretien comme un professionnel

L'entretien ne doit jamais être improvisé.

L'IA peut simuler un recruteur.

Simulation d'entretien

Prompt :

Tu es recruteur pour le poste suivant : [annonce].

Pose-moi 15 questions difficiles et stratégiques.

Après chaque réponse, donne-moi un feedback et une amélioration possible.

Tu t'entraînes en conditions réelles.

Anticiper les questions pièges

Liste les 10 questions les plus probables pour ce poste et propose des réponses structurées.

Préparer une négociation salariale

Tu es expert en négociation salariale.

Prépare une stratégie pour demander une augmentation de 10 % dans mon contexte : ______.

4. Produire des rapports impressionnants

Dans beaucoup d'entreprises, la visibilité vient de la qualité des livrables.

Rapports.

Présentations.

Analyses.

L'IA peut transformer ton niveau perçu.

Structurer un rapport stratégique

Prompt :

Crée la structure d'un rapport stratégique destiné à la direction sur le sujet ______.

Inclure : résumé exécutif, analyse, recommandations, plan d'action.

Puis :

Développe chaque section avec un ton professionnel et orienté décision.

Résultat : document digne d'un cabinet de conseil.

Améliorer un rapport existant

Analyse ce document et propose des améliorations pour le rendre plus stratégique et impactant.

5. Devenir la personne "qui maîtrise l'IA"

Dans beaucoup d'entreprises, peu de personnes utilisent réellement l'IA efficacement.

Cela crée une opportunité énorme.

Tu peux devenir :

- La référence interne
- Celui/celle qui optimise les processus

- Celui/celle qui automatise
- Celui/celle qui forme les autres

Et cette position est stratégique.

Étape 1 : Optimiser ton propre travail

Commence par gagner 1 à 2 heures par jour.

Les résultats parleront pour toi.

Étape 2 : Identifier des gains pour l'équipe

Demande à l'IA :

Propose 10 façons d'utiliser l'IA pour améliorer la productivité dans une équipe de ______.

Puis teste 1 ou 2 idées.

Étape 3 : Proposer une mini-formation interne

Tu peux proposer :

- Un atelier de 45 minutes
- Une démonstration
- Des templates prêts à utiliser

Cela te positionne comme innovant(e).

6. Booster ta productivité de manager

Si tu es manager, l'IA devient un multiplicateur.

Feedback collaborateurs

Rédige un feedback constructif pour un collaborateur performant mais qui doit améliorer sa gestion du temps.

Préparer une réunion

Prépare un ordre du jour structuré pour une réunion sur ______.
Inclure objectifs et résultats attendus.

Plan stratégique trimestriel

Crée un plan stratégique sur 90 jours pour une équipe de ______.

7. Reconversion professionnelle avec l'IA

Tu veux changer de métier ?

L'IA peut devenir ton coach personnel.

Identifier un nouveau métier

Analyse mon profil : [compétences, expérience, centres d'intérêt].

Propose 5 pistes de reconversion réalistes et rentables.

Plan d'apprentissage accéléré

Crée un plan d'apprentissage sur 60 jours pour devenir opérationnel en ______.

Identifier les compétences manquantes

Compare mon profil avec cette offre d'emploi et identifie les écarts de compétences.

8. Augmenter ta valeur perçue

La carrière n'est pas seulement une question de compétence.

C'est une question de perception.

L'IA peut t'aider à :

- Structurer tes idées
- Clarifier ton discours
- Présenter des analyses plus professionnelles
- Être plus synthétique
- Être plus stratégique

Ce qui change la perception que les autres ont de toi.

9. Négocier une augmentation grâce aux données

Ne demande pas une augmentation émotionnelle.

Demande une augmentation stratégique.

Prompt :

Aide-moi à structurer un argumentaire basé sur mes résultats suivants : ______.

Objectif : demander une augmentation de ______ %.

L'IA t'aide à formuler rationnellement.

10. Construire ta marque personnelle

Que tu sois salarié ou entrepreneur, ta visibilité compte.

Utilise l'IA pour :

- Rédiger des posts LinkedIn stratégiques
- Structurer des prises de parole
- Préparer des conférences
- Clarifier ton positionnement

Prompt :

Aide-moi à définir mon positionnement professionnel unique dans le secteur ______.

11. Attention : ne triche pas, augmente-toi

Il y a une différence entre :

◈ Utiliser l'IA pour masquer ton incompétence

◈ Utiliser l'IA pour amplifier ta compétence

Toujours :

- Relire
- Comprendre
- Adapter
- Personnaliser

L'IA est un levier, pas un masque.

12. La nouvelle règle du marché du travail

Avant :

Expérience > diplôme > réseau.

Aujourd'hui :

Adaptabilité > capacité d'apprentissage > maîtrise des outils IA.

Les entreprises recherchent des profils capables d'évoluer.

Maîtriser l'IA montre que tu es tourné vers l'avenir.

13. Exercice stratégique

Aujourd'hui :

1. Optimise ton CV avec l'IA.
2. Simule un entretien.
3. Identifie 3 façons d'utiliser l'IA dans ton poste actuel.

4. Mets-en une en application cette semaine.

Conclusion du Chapitre 4

Tu sais maintenant comment utiliser l'IA pour :

� Optimiser ton CV

� Préparer tes entretiens

� Produire des rapports impressionnants

� Négocier intelligemment

� Te positionner comme expert IA

� Accélérer une reconversion

L'IA ne remplace pas ta carrière.

Elle l'accélère.

Dans le prochain chapitre, nous allons voir comment les freelances peuvent utiliser l'IA pour :

� Travailler moins.

� Produire plus.

� Facturer plus cher.

Parce que la vraie liberté commence quand ton revenu n'est plus limité par ton temps.

Chapitre 5 : Freelance & IA : travailler moins, facturer plus

Le piège classique du freelance

Au début, tout semble simple.

Tu trouves un client.

Tu livres une mission.

Tu es payé.

Puis un deuxième.

Puis un troisième.

Et progressivement, un problème apparaît :

Plus tu veux gagner, plus tu dois travailler.

Ton revenu est directement lié à ton temps.

C'est le modèle "1 heure = 1 revenu".

Le problème ?

Une journée ne fait que 24 heures.
Et ton énergie est limitée.
L'intelligence artificielle casse cette équation.
Elle te permet de :

- Produire plus vite
- Gérer plus de clients
- Automatiser les tâches invisibles
- Monter en gamme
- Vendre des offres plus stratégiques

Ce chapitre va transformer ta manière de travailler.

1. Multiplier ta productivité par 3

Le freelance perd du temps sur :

- Recherche d'idées
- Rédaction
- Propositions commerciales
- Modifications client
- Emails
- Factures
- Organisation

L'IA absorbe ces tâches.

� Exemple concret : rédacteur freelance

Avant IA :

- Recherche : 1h
- Plan : 30 min
- Rédaction : 3h
- Correction : 1h

Total : 5h30

Avec IA :

- Recherche + synthèse : 10 min
- Plan structuré : 5 min
- Premier brouillon : 15 min
- Optimisation : 45 min

Total : 1h15
Même qualité.
4 heures gagnées.

◈ Prompt type pour production rapide

Rôle : expert en copywriting SEO.
Rédige un article de 1000 mots sur ______.
Cible : ______.
Inclure : introduction engageante, sous-titres H2/H3, exemples concrets, conclusion avec appel à l'action.

Puis :
Améliore le style pour qu'il soit plus naturel et humain.

2. Prendre plus de clients sans travailler plus

Le secret n'est pas d'avoir plus d'heures.
C'est d'avoir :

- Des process
- Des templates
- Des automatisations

Standardiser ton travail

Demande à l'IA :
Crée une procédure standard (SOP) pour la gestion complète d'un client freelance : onboarding, production, validation, facturation, suivi.
Tu transformes ton activité en système.

Créer des templates personnalisés

Proposition commerciale :

Crée un modèle de proposition commerciale pour mes services de ______ incluant : présentation, problématique, solution, tarifs, témoignages, FAQ.

Contrat simplifié :

Rédige un modèle de contrat freelance simple et professionnel pour des prestations de ______.

3. Automatiser ta prospection

La prospection est souvent négligée.

Pourquoi ?

Parce qu'elle prend du temps et génère des refus.

L'IA peut la rendre rapide et stratégique.

Identifier des prospects

Prompt :

Liste 50 entreprises dans le secteur ______ susceptibles d'avoir besoin de mes services de ______.

Email de prospection optimisé

Rôle : expert en cold email B2B.

Rédige un email court (120 mots max) pour proposer mes services à ______.

Ton : professionnel, personnalisé, non agressif.

Personnalisation rapide

Personnalise cet email pour cette entreprise : [description entreprise].

En 10 minutes, tu peux envoyer 15 emails ultra ciblés.

4. Automatiser devis et facturation

Le temps administratif est du temps non facturé.

Génération automatique de devis

Crée un modèle de devis professionnel pour une prestation de ______ incluant description détaillée, conditions de paiement et délais.

Relance automatique

Rédige un email de relance poli pour un devis envoyé il y a 7 jours sans réponse.

Tu peux ensuite connecter :

- Formulaire client → génération devis
- Devis accepté → facture automatique
- Facture envoyée → relance automatique après 7 jours

Avec Make ou Zapier.
Une fois configuré, ça fonctionne seul.
5. Proposer des services IA à forte valeur
C'est ici que les revenus explosent.
Au lieu de vendre uniquement ton temps,
tu peux vendre :

- Des optimisations IA
- Des automatisations
- Des audits productivité
- Des systèmes intelligents

Exemple 1 : Consultant marketing
Ajoute une offre :
Audit IA de la stratégie de contenu + mise en place d'un système automatisé de génération d'articles.
Valeur perçue ↑
Tarif ↑
Exemple 2 : Community manager
Propose :
Pack "Contenu IA optimisé" :

- *Stratégie éditoriale*
- *30 posts générés + personnalisés*
- *Planning automatisé*

Exemple 3 : Assistant virtuel
Ajoute :
Automatisation des workflows clients avec Make + IA.

Peu de concurrence.

Forte demande.

6. Monter en gamme grâce à l'IA

L'IA te libère du temps.

Utilise ce temps pour :

- Monter tes tarifs
- Te spécialiser
- Proposer des offres premium

Repositionnement stratégique

Prompt :

Analyse mon offre actuelle : ______.

Propose une version premium plus stratégique avec un positionnement haut de gamme.

Créer une offre packagée

Transforme mes prestations horaires en offres packagées à forte valeur perçue.

Les clients paient pour un résultat, pas pour ton temps.

7. Créer des revenus complémentaires

En parallèle de ton activité freelance, tu peux créer :

- Un ebook
- Une mini-formation
- Des templates
- Un abonnement
- Un produit digital

L'IA accélère tout.

Exemple : vendre des templates

Prompt :

Crée 20 templates prêts à utiliser pour ______.

Tu peux les vendre sur :

- Gumroad
- Etsy
- Notion Marketplace

8. Optimiser ta gestion mentale

Le freelance souffre souvent de :

- Surcharge mentale
- Désorganisation
- Stress

L'IA peut devenir ton assistant stratégique.

Planification hebdomadaire

Voici mes projets en cours : ______.

Organise ma semaine pour maximiser mes revenus et limiter la surcharge.

Priorisation

Classe ces tâches selon impact financier potentiel.

Travaille d'abord sur ce qui rapporte.

9. Exemple chiffré réel

Freelance facturant 50€/h.

Avant IA :

- 30h facturables par semaine = 1500€

Après optimisation IA :

- Même travail en 20h
- 10h libérées pour nouveaux clients

Résultat :

- 40h facturables = 2000€

ou

- 30h facturables en travaillant moins

Tu choisis.

10. L'erreur à éviter

Ne deviens pas dépendant de l'IA.

Tu dois :

- Comprendre ce que tu livres
- Vérifier
- Adapter
- Personnaliser

Ton expertise reste le cœur.

L'IA est ton levier.

11. La nouvelle formule du freelance performant

Ancien modèle :

Temps = argent

Nouveau modèle :

Système × IA × Positionnement = revenu scalable

12. Exercice stratégique

Cette semaine :

1. Automatise 1 tâche administrative.
2. Crée 3 templates réutilisables.
3. Ajoute une mini-offre basée sur l'IA.
4. Augmente légèrement un tarif sur une nouvelle proposition.

Observe l'impact.

Conclusion du Chapitre 5

Tu sais maintenant comment :

◈ Multiplier ta productivité

◈ Standardiser ton activité

� Automatiser prospection et facturation
� Créer des offres premium
� Ajouter des services IA
� Augmenter tes revenus sans augmenter ton temps
Le freelance qui maîtrise l'IA devient :

- Plus rapide
- Plus stratégique
- Plus rentable
- Moins stressé

Dans le prochain chapitre, nous allons voir comment utiliser l'IA pour :
� Créer du contenu
� Construire une audience
� Générer des revenus en ligne
Parce que la vraie liberté ne vient pas seulement des clients.
Elle vient aussi des actifs que tu construis.

Chapitre 6 : Créer et vendre des contenus avec l'IA

Le contenu est devenu un actif

En 2025, il existe deux types de professionnels :

1. Ceux qui travaillent uniquement pour leurs clients.
2. Ceux qui construisent des actifs digitaux.

Un actif digital, c'est :

- Un blog
- Une newsletter
- Une chaîne YouTube
- Un compte LinkedIn stratégique
- Un ebook
- Une formation

- Une audience

La différence ?
Le client te paie une fois.
Le contenu peut te payer en continu.
Le problème, jusqu'à récemment, était simple :
Créer du contenu de qualité prend énormément de temps.
Recherche.
Rédaction.
Structuration.
Correction.
Publication.
L'IA change complètement l'équation.
Tu peux désormais produire :

- 10 fois plus vite
- 3 fois plus régulièrement
- Avec une qualité professionnelle

À condition d'utiliser la bonne méthode.
Ce chapitre va te guider étape par étape.
1. Comprendre la stratégie avant la production
L'erreur la plus courante :
Publier sans stratégie.
L'IA ne doit pas produire au hasard.
Elle doit servir un objectif.
Avant de créer quoi que ce soit, réponds à ces 4 questions :

1. Quelle est ma niche ?
2. À qui je m'adresse ?
3. Quel problème je résous ?
4. Comment vais-je monétiser ?

Définir ta niche avec l'IA

Prompt :

Analyse mes compétences suivantes : ______.

Propose 5 niches rentables où je pourrais créer du contenu et vendre des produits ou services.

Identifier ton client idéal

Décris en détail mon client idéal dans la niche ______ :

âge, problématiques, objectifs, frustrations, objections.

Plus c'est précis, plus ton contenu sera puissant.

2. Créer une stratégie de contenu rentable

Le contenu doit répondre à trois objectifs :

1. Attirer
2. Éduquer
3. Convertir

Construire un plan éditorial

Prompt :

Crée un plan de contenu sur 30 jours pour la niche ______.

Inclure :

- *10 posts réseaux sociaux*
- *5 articles de blog*
- *4 newsletters*
- *2 scripts vidéo*

  Objectif : attirer et convertir des prospects.

Tu obtiens une roadmap complète.

3. Rédiger des articles de blog rapidement

Avant IA :

4 à 6 heures par article.

Avec IA :

1 à 2 heures maximum.

Méthode en 4 étapes

Étape 1 : Plan détaillé

Crée un plan SEO optimisé pour un article sur ______.

Étape 2 : Rédaction section par section

Développe la section 1 en 400 mots, ton pédagogique et clair.

Étape 3 : Optimisation SEO

Optimise cet article pour le référencement naturel.

Étape 4 : Humanisation

Rends ce texte plus naturel, ajoute des exemples concrets.

4. Créer une newsletter engageante

La newsletter est l'actif le plus rentable.

Pourquoi ?

Parce que tu possèdes ton audience.

Structure efficace

- Hook puissant
- Histoire courte
- Conseil pratique
- Appel à l'action

Prompt newsletter

Rédige une newsletter hebdomadaire sur ______.

Structure :

- *Introduction engageante*
- *Problème courant*
- *Solution concrète*
- *Appel à l'action final*
  Ton : direct, humain, inspirant.

5. Scripts vidéo YouTube / Instagram / TikTok

La vidéo convertit mieux que le texte.

Mais écrire un script peut être long.

Script court (Reels / TikTok)

Crée un script vidéo de 60 secondes sur ______.

Inclure : hook fort, contenu à valeur, conclusion engageante.

Script YouTube 10 minutes

Rédige un script structuré pour une vidéo YouTube de 10 minutes sur ______.

Inclure storytelling, exemples, transitions naturelles.

6. Posts LinkedIn stratégiques

LinkedIn est une machine à opportunités.

Mais il faut publier intelligemment.

Format performant

- Accroche forte
- Phrase courte
- Histoire
- Leçon
- Question finale

Prompt LinkedIn

Rédige un post LinkedIn sur ______.

Public cible : ______.

Structure : hook impactant + storytelling + leçon + question.

200 mots maximum.

7. Créer un ebook en 7 jours

Avant IA :

3 mois de travail.

Avec IA :

1 semaine structurée.

Étape 1 : Valider l'idée

Propose 10 idées d'ebooks rentables dans la niche ______.

Étape 2 : Plan détaillé

Crée la table des matières complète pour un ebook sur ______.

Étape 3 : Rédaction chapitre par chapitre

Rédige le chapitre 1 (1500 mots), ton pédagogique et structuré.

Étape 4 : Mise en page

Utilise :

- Canva
- Notion
- Google Docs

8. Transformer un contenu en 10 contenus

C'est ici que l'IA devient explosive.

Un article peut devenir :

- 5 posts LinkedIn
- 3 newsletters
- 1 script vidéo
- 10 tweets
- 1 lead magnet

Prompt transformation

Transforme cet article en :

- *5 posts LinkedIn*
- *1 script vidéo*
- *3 emails newsletter*
- *10 tweets*

Tu multiplies ta présence sans recréer à zéro.

9. Monétiser ton contenu

Créer du contenu sans monétisation est un hobby.

Créer du contenu avec stratégie est un business.

Modèles de monétisation

- Vente d'ebooks

- Vente de formation
- Coaching
- Services premium
- Affiliation
- Sponsoring
- Produits digitaux

Créer une offre à partir de ton contenu

Prompt :

À partir de ces contenus : ______

Propose une offre payante cohérente avec promesse, prix et structure.

10. Construire une audience intelligemment

L'objectif n'est pas d'avoir 100 000 abonnés.

L'objectif est d'avoir :

- Une audience ciblée
- Engagée
- Prête à acheter

Optimiser ton profil

Optimise ma bio LinkedIn pour attirer des clients dans la niche ______.

Calendrier de croissance

Propose une stratégie de croissance organique sur 90 jours pour mon compte ______.

11. Automatiser la publication

Outils :

- Buffer
- Metricool
- Hootsuite

- Make

Tu peux :

- Générer 30 posts en 1 journée
- Programmer 1 mois de contenu

L'IA produit.
L'automatisation publie.

12. Exemple concret de stratégie rentable

Imaginons :
Tu es coach en productivité.
Mois 1 :

- 12 posts LinkedIn
- 4 newsletters
- 2 vidéos

Mois 2 :

- Création d'un ebook à 19€

Mois 3 :

- Lancement à ton audience

100 ventes × 19€ = 1900€
Avec une audience de 1000 personnes qualifiées.

13. L'erreur à éviter

Ne publie pas du contenu générique.
Toujours :

- Ajouter ton expérience
- Donner des exemples personnels

- Injecter ta vision
- Adapter le ton

L'IA génère la base.
Tu ajoutes l'âme.
14. La méthode 60-30-10
Pour chaque contenu :
60 % valeur pratique
30 % personnalité
10 % promotion
15. Exercice immédiat
Aujourd'hui :

1. Choisis une niche.
2. Génère un plan de contenu 30 jours.
3. Rédige 3 posts.
4. Publies-en un.

Ne vise pas la perfection.
Vise la constance.
Conclusion du Chapitre 6
Tu sais maintenant comment :
� Créer une stratégie de contenu
� Rédiger articles, posts, scripts, newsletters
� Transformer un contenu en plusieurs formats
� Créer un ebook rapidement
� Monétiser ton audience
� Automatiser la publication
Le contenu est un actif.
L'IA est ton accélérateur.
Dans le prochain chapitre, nous allons passer au niveau supérieur :
� Automatiser ton business.
� Créer des systèmes.

◈ Générer des revenus même quand tu ne travailles pas.
Parce que la vraie liberté vient des systèmes, pas des efforts constants.

Chapitre 7 : Automatiser son business avec l'IA

Travailler moins ne suffit pas. Il faut construire des systèmes.

Tu peux utiliser l'IA pour aller plus vite.
Mais le vrai changement arrive quand :
Le travail se fait sans toi.
Bienvenue dans le monde des systèmes automatisés.
Un système automatisé, c'est :

- Une action déclenchée automatiquement
- Une suite d'étapes connectées
- Une exécution sans intervention humaine

Exemple simple :

1. Un prospect remplit un formulaire.
2. Il reçoit automatiquement un email personnalisé.
3. Ses informations sont enregistrées dans un CRM.
4. Une facture est générée.
5. Une tâche de suivi est créée.

Tu n'as rien fait.
Et pourtant, ton business avance.
C'est ça, l'automatisation.

1. Comprendre les 3 briques d'un système automatisé

Pour automatiser ton business, tu as besoin de 3 éléments :

Un déclencheur (Trigger)

Exemple :

- Nouveau formulaire rempli
- Email reçu
- Paiement validé

- Nouveau lead

Une action IA

- Résumer
- Rédiger
- Classer
- Analyser
- Personnaliser

Une action finale

- Envoyer un email
- Créer une facture
- Publier un post
- Mettre à jour un tableur
- Créer une tâche

C'est tout.
Trigger → IA → Action.

2. Les outils pour automatiser

Tu n'as pas besoin de coder.
Voici les plateformes principales :

Zapier

Simple, intuitif, idéal débutant.

Make (ex-Integromat)

Plus puissant, plus flexible.

n8n

Open source, très personnalisable.

Outils IA intégrables

- ChatGPT API
- Claude API

- Gemini API

Mais bonne nouvelle :
Tu peux automatiser sans coder une seule ligne.
3. Automatiser la gestion des emails
Les emails sont chronophages.
Imagine :

- Les emails entrants sont triés automatiquement.
- Les demandes simples reçoivent une réponse instantanée.
- Les urgences sont marquées prioritaires.

Exemple concret : tri automatique
Workflow :

1. Email reçu.
2. IA analyse le contenu.
3. Classes-en :
    - Urgent
    - Prospect
    - Facturation
    - Newsletter
4. Déplace dans le bon dossier.

Prompt utilisé :
Analyse cet email et classe-le dans l'une des catégories suivantes : ______.
Temps gagné : 30 minutes par jour.
Réponse automatique intelligente
Workflow :

1. Email prospect reçu.
2. IA génère une réponse personnalisée.

3. Email envoyé automatiquement.

Prompt :
Rédige une réponse professionnelle personnalisée à ce message : ______.

4. Automatiser la prospection

Imagine ce système :

1. Tu identifies 50 prospects.
2. Un email personnalisé est généré pour chacun.
3. Les relances sont envoyées automatiquement à J+5.
4. Si réponse → création d'une tâche de suivi.

Tout fonctionne sans intervention.

5. Automatiser la création de contenu

Système possible :

1. Une idée est ajoutée dans Notion.
2. L'IA génère :
    - Un post LinkedIn
    - Une newsletter
    - Un script vidéo
3. Le contenu est envoyé pour validation.
4. Publication programmée automatiquement.

Tu crées un mois de contenu en 1 session.

6. Automatiser la facturation

Workflow simple :

1. Client signe le contrat.
2. Facture générée automatiquement.
3. Email envoyé.
4. Relance automatique si impayé après 7 jours.

Tu supprimes la charge mentale.

7. Automatiser l'onboarding client

L'onboarding est souvent manuel.

Automatisation possible :

1. Paiement reçu.
2. Email de bienvenue personnalisé envoyé.
3. Accès à l'espace membre créé.
4. Questionnaire envoyé.
5. Tâche interne créée.

Expérience professionnelle instantanée.

8. Automatiser un tunnel de vente complet

Exemple :

1. Téléchargement d'un ebook gratuit.
2. Séquence email automatique sur 7 jours.
3. Proposition d'offre payante.
4. Paiement.
5. Accès automatique au produit.
6. Email de suivi.
7. Demande de témoignage.

Une fois configuré, le système tourne seul.

9. Exemple réel de système complet freelance

Imaginons un consultant :

- Formulaire site web
- Qualification automatique
- Appel Calendly automatique
- Email de rappel

- Compte-rendu IA après appel
- Proposition commerciale générée automatiquement
- Relance programmée

Ce qui prenait 3 heures devient 15 minutes de supervision.
10. Les 5 automatisations à créer en priorité
Si tu devais commencer demain :

1. Tri intelligent des emails
2. Réponse automatique aux demandes simples
3. Facture + relance automatique
4. Publication programmée sur réseaux
5. Séquence email automatisée

Ces 5 systèmes peuvent te faire gagner 5 à 10 heures par semaine.
11. La méthode simple pour créer ton premier système
Étape 1 : Identifie une tâche répétitive.
Étape 2 : Écris les étapes manuelles que tu fais.
Étape 3 : Transforme-les en workflow.
Étape 4 : Connecte les outils.
12. Attention aux erreurs classiques
� Automatiser un processus inefficace
� Créer un système trop complexe
� Ne pas tester
� Ne pas vérifier les résultats
Règle d'or :
Automatise ce qui fonctionne déjà.
13. La puissance des agents IA
En 2025, les agents IA peuvent :

- Surveiller ta boîte mail
- Répondre selon des règles
- Prendre des rendez-vous

- Analyser des données
- Générer des rapports

Ce n'est plus juste de l'automatisation.
C'est une délégation intelligente.

14. De freelance à architecte de systèmes

Quand tu automatises :
Tu passes de :
Exécutant
À :
Architecte de système
Tu conçois.
Le système exécute.
C'est la différence entre travail actif et revenu scalable.

15. Exercice immédiat

Aujourd'hui :

1. Liste 10 tâches répétitives.
2. Choisis-en 1.
3. Dessine son workflow.
4. Automatise-la cette semaine.

Commence petit.

16. Le vrai changement mental

L'automatisation n'est pas technique.
C'est une façon de penser.
Au lieu de demander :
Comment faire cette tâche ?
Demande :
Comment faire en sorte que cette tâche se fasse seule ?
C'est là que le niveau change.

Conclusion du Chapitre 7

Tu sais maintenant :

◈ Comment fonctionnent les automatisations

◈ Les outils à utiliser

◈ Comment connecter IA + actions

◈ Quels systèmes créer en priorité

◈ Comment transformer ton business en machine

Quand tes systèmes travaillent :

- Tu gagnes du temps
- Tu gagnes en fiabilité
- Tu gagnes en professionnalisme
- Tu gagnes en liberté

Dans le prochain chapitre, nous allons entrer dans ce que beaucoup attendent :

10 modèles concrets pour gagner de l'argent grâce à l'IA.

Parce que l'objectif final n'est pas seulement d'automatiser.

C'est de créer des revenus intelligents.

Chapitre 8 : Gagner de l'argent grâce à l'IA : 10 modèles concrets

L'IA n'est pas seulement un outil de productivité.

C'est un accélérateur de revenus.

La majorité des gens utilisent l'IA pour aller plus vite.

Les plus stratégiques l'utilisent pour :

- Créer des actifs
- Lancer des offres
- Automatiser des ventes
- Générer des revenus scalables

Dans ce chapitre, tu vas découvrir **10 modèles concrets, accessibles et réalistes.**

Pas de promesses magiques.

Pas de "deviens millionnaire en 7 jours".
Seulement des stratégies applicables dès maintenant.

Modèle 1 — Créer et vendre un ebook

Le principe

Créer un ebook utile dans une niche spécifique et le vendre en ligne.

Outils

- ChatGPT / Claude (rédaction)
- Canva (mise en page)
- Gumroad / Shopify / Systeme.io (vente)

Potentiel

- 500€ à 5000€ / mois selon audience et niche

Étapes

1. Identifier un problème précis.
2. Générer un plan détaillé avec l'IA.
3. Rédiger chapitre par chapitre.
4. Ajouter ton expérience personnelle.
5. Mettre en page.
6. Vendre à ton audience.

Prompt utile :
Propose 10 idées d'ebooks rentables dans la niche ______.

Modèle 2 — Service de rédaction assistée par IA

Le principe

Proposer des articles, posts LinkedIn, newsletters, scripts vidéo.

Outils

- ChatGPT
- Claude

- SurferSEO (optionnel)

Potentiel

- 1000€ à 8000€ / mois

Positionnement intelligent
Ne vends pas :
"Je rédige des articles."
Vends :
"Je crée une stratégie de contenu optimisée par IA pour générer des leads."
Tu factures plus cher.
Modèle 3 — Création et vente de templates
Le principe
Créer des templates prêts à l'emploi :

- Prompts spécialisés
- Modèles Notion
- Scripts email
- Plans marketing

Outils

- ChatGPT
- Notion
- Canva

Potentiel

- 500€ à 3000€ / mois

Produit digital = pas de livraison répétée.

Modèle 4 — Formation en ligne accélérée par IA

Le principe

Créer une mini-formation sur une compétence que tu maîtrises. L'IA t'aide à :

- Structurer le programme
- Rédiger les supports
- Créer les slides
- Écrire les scripts

Outils

- ChatGPT
- Canva
- Systeme.io / Teachable

Potentiel

- 2000€ à 20 000€ / lancement

Prompt :
Crée le plan détaillé d'une formation sur ______ en 6 modules.

Modèle 5 — Création de visuels IA pour entreprises

Le principe

Proposer des visuels marketing générés par IA :

- Publicités
- Posts réseaux
- Couvertures ebook
- Miniatures YouTube

Outils

- Midjourney
- DALL-E
- Leonardo AI

Potentiel

- 1000€ à 5000€ / mois

Beaucoup d'entreprises ne savent pas utiliser ces outils.
Toi, oui.
Modèle 6 — Assistant IA personnalisé pour PME
Le principe
Créer un assistant IA sur mesure :

- FAQ automatique
- Support client
- Assistant RH
- Assistant interne

Outils

- ChatGPT API
- Make
- Zapier

Potentiel

- 1500€ à 10 000€ / projet

Peu de concurrence.
Forte demande.
Modèle 7 — Optimisation dropshipping avec IA
Le principe

Utiliser l'IA pour :

- Trouver produits tendance
- Rédiger fiches produits
- Créer publicités
- Optimiser emails

Outils

- ChatGPT
- Shopify
- Canva

Potentiel
Variable (1000€ à 10 000€ / mois)
L'IA améliore :

- Copywriting
- Test produit
- Tunnel de vente

Modèle 8 — Agence d'automatisation IA
Le principe
Aider entreprises à automatiser :

- Emails
- Facturation
- CRM
- Reporting

Outils

- Make

- Zapier
- ChatGPT API

Potentiel

- 3000€ à 15 000€ / mois

Très forte demande en 2025.

Modèle 9 — Création de chaînes YouTube "faceless"

Le principe

Créer des vidéos sans montrer ton visage :

- Scripts IA
- Voix IA
- Montage simple

Outils

- ChatGPT
- ElevenLabs (voix)
- CapCut

Potentiel

Revenus YouTube + affiliation + produits digitaux

L'IA réduit drastiquement le temps de production.

Modèle 10 — Consultant IA pour entreprises

Le principe

Former entreprises à utiliser l'IA.

Audit → Formation → Mise en place.

Outils

- ChatGPT
- Slides Canva

- Cas pratiques

Potentiel

- 1000€ à 5000€ / mission

Les entreprises ont besoin de formation.
Tu peux devenir le pont entre technologie et terrain.
Comment choisir le bon modèle ?
Pose-toi 3 questions :

1. Ai-je déjà une compétence exploitable ?
2. Ai-je une audience ?
3. Préfère-je vendre du service ou du produit ?

La stratégie recommandée
Pour débuter :

1. Choisis 1 modèle principal.
2. Lance-le en version simple.
3. Teste 30 jours.
4. Optimise.

Ne fais pas les 10 en même temps.
Exemple réaliste de progression
Mois 1 :

- Service rédaction IA → 1500€

Mois 2 :

- Vente de templates → 800€

Mois 3 :

- Lancement mini-formation → 3000€

Total possible en 3 mois : 5000€+
Avec structure et discipline.
Ce qui fera la différence
Ce n'est pas l'outil.
C'est :

- Ton positionnement
- Ta niche
- Ta constance
- Ta capacité à vendre

L'IA accélère.
Elle ne remplace pas la stratégie.
Exercice stratégique
Choisis maintenant :
Le modèle qui te semble le plus accessible.
Écris :

- Pourquoi lui ?
- Quel est ton premier client potentiel ?
- Quelle action peux-tu faire aujourd'hui ?

Puis agis.
Conclusion du Chapitre 8
Tu connais maintenant 10 modèles concrets pour :
� Générer des revenus avec l'IA
� Créer des actifs digitaux
� Lancer une offre
� Automatiser un business
� Monter en gamme
L'IA est une opportunité.

Mais seulement pour ceux qui passent à l'action.

Dans le prochain chapitre, nous allons voir :

◈ Les erreurs à éviter.

◈ Les pièges.

◈ Les risques.

Parce qu'utiliser l'IA intelligemment est aussi important que l'utiliser rapidement.

Chapitre 9 : Les erreurs à éviter avec l'IA

L'IA peut accélérer ta réussite.

Mais mal utilisée, elle peut détruire ta crédibilité.

Depuis le début de ce livre, tu as découvert :

- Comment gagner du temps
- Comment automatiser
- Comment générer des revenus
- Comment améliorer ta carrière

Mais voici une vérité essentielle :

L'IA est un amplificateur.

Elle amplifie le meilleur... comme le pire.

Utilisée intelligemment, elle te rend plus performant.

Utilisée naïvement, elle te rend générique, imprécis, voire dangereux.

Ce chapitre est probablement l'un des plus importants du livre.

Parce que ce n'est pas la vitesse qui compte.

C'est la durabilité.

1. Erreur n°1 : Faire confiance aveuglément aux réponses

L'IA peut produire une réponse convaincante...

et totalement fausse.

C'est ce qu'on appelle une **hallucination**.

Elle peut :

- Inventer des statistiques
- Citer des études inexistantes

- Créer de fausses références
- Donner des conseils juridiques imprécis

Et le pire ?
Elle le fait avec assurance.
La règle d'or
Ne considère jamais l'IA comme une source absolue.
Considère-la comme un assistant.
Toujours :

- Vérifier les données importantes
- Confirmer les chiffres
- Recouper les informations sensibles

Surtout si cela concerne :

- Santé
- Finance
- Juridique
- Investissements

2. Erreur n°2 : Produire du contenu générique
Beaucoup de gens font ceci :

1. Copier un prompt basique
2. Copier la réponse
3. Publier tel quel

Résultat :

- Ton impersonnel
- Idées déjà vues
- Manque d'authenticité

- Faible engagement

Le contenu IA brut est reconnaissable.
Pourquoi ?
Parce qu'il manque :

- Ton expérience
- Ton opinion
- Ton vécu
- Tes exemples

Solution
Toujours ajouter :

- Une anecdote personnelle
- Une expérience réelle
- Une prise de position
- Un exemple concret

L'IA crée la structure.
Tu ajoutes la personnalité.
3. Erreur n°3 : Devenir dépendant
Certaines personnes finissent par :

- Ne plus écrire sans IA
- Ne plus réfléchir sans IA
- Ne plus structurer seules

C'est dangereux.
L'IA doit augmenter ton intelligence.
Pas la remplacer.
Bon usage
Utilise l'IA pour :

- Accélérer
- Clarifier
- Structurer

Mais garde :

- Ta capacité d'analyse
- Ton esprit critique
- Ton jugement

4. Erreur n°4 : Plagier involontairement
L'IA s'inspire de millions de contenus existants.
Même si elle ne copie pas mot pour mot,
elle peut produire quelque chose de très similaire.
Si tu publies sans vérifier :

- Tu risques de reproduire une idée existante
- De manquer d'originalité
- De perdre en crédibilité

Bonne pratique

- Reformule
- Ajoute ton angle
- Passe le texte dans un outil de détection si nécessaire
- Injecte ton expérience

Originalité = différenciation.
5. Erreur n°5 : Automatiser sans réfléchir
Beaucoup veulent tout automatiser.
Emails.
Messages.
Support client.

Prospection.
Problème ?
Trop d'automatisation tue l'humain.
Et les clients sentent immédiatement :

- Les réponses génériques
- Les scripts rigides
- Les interactions robotiques

Règle simple
Automatise :

- Les tâches répétitives
- Les tâches administratives

Garde humain :

- Les décisions importantes
- Les conflits
- Les négociations
- Les relations clés

6. Erreur n°6 : Sous-estimer l'éthique
L'IA pose des questions éthiques.
Exemples :

- Utiliser une IA pour imiter la voix de quelqu'un sans consentement
- Générer de faux témoignages
- Créer du contenu trompeur
- Utiliser des images IA sans transparence

À court terme, cela peut sembler efficace.

À long terme, c'est destructeur.
La réputation est plus précieuse que n'importe quel gain rapide.
7. Erreur n°7 : Croire que l'IA remplace la compétence
Un mauvais marketeur avec l'IA reste un mauvais marketeur.
Un bon marketeur avec l'IA devient excellent.
L'outil ne remplace pas :

- La stratégie
- La compréhension du marché
- L'expérience
- L'expertise

Il accélère ce que tu sais déjà faire.
8. Erreur n°8 : Ne pas sécuriser ses données
Attention :
Ne partage pas avec l'IA :

- Données confidentielles clients
- Informations stratégiques sensibles
- Secrets industriels

Toujours :

- Anonymiser si nécessaire
- Vérifier les politiques de confidentialité
- Utiliser des versions sécurisées si entreprise

La sécurité est essentielle.
9. Erreur n°9 : Se disperser
Nouvel outil.
Nouvelle IA.
Nouvelle tendance.
Résultat :

- Tu testes tout.
- Tu maîtrises rien.

La dispersion est l'ennemi.

Solution

Maîtrise :

1 outil principal.

1 méthode.

1 système.

Puis élargis.

10. Erreur n°10 : Chercher la perfection

L'IA peut générer 10 versions.

Tu ajustes.

Tu modifies.

Tu optimises.

Et tu ne publies jamais.

L'objectif n'est pas la perfection.

C'est l'amélioration continue.

11. La checklist d'utilisation intelligente

Avant de publier ou livrer :

Ai-je vérifié les faits ?

Ai-je personnalisé le contenu ?

Ai-je ajouté ma valeur ?

Est-ce éthique ?

Est-ce réellement utile ?

Si oui → publie.

12. L'IA et la crédibilité

Ta crédibilité repose sur :

- La qualité
- La fiabilité
- L'authenticité

Une seule erreur majeure peut nuire à ta réputation.
L'IA doit renforcer ta crédibilité.
Jamais l'affaiblir.

13. La différence entre amateur et professionnel

L'amateur :

- Copie-colle
- Publie sans vérifier
- Cherche la rapidité

Le professionnel :

- Structure
- Vérifie
- Personnalise
- Optimise

L'IA est un outil professionnel.
Utilise-la comme tel.

14. L'équilibre idéal

50 % intelligence humaine
50 % intelligence artificielle
Pas 100 % IA.
Pas 100 % manuel.
La synergie crée la performance durable.

Conclusion du Chapitre 9

Tu sais maintenant :
� Pourquoi il faut vérifier les informations
� Comment éviter le contenu générique
� Pourquoi l'éthique est essentielle
� Comment préserver ta crédibilité
� Pourquoi l'IA ne remplace pas l'expertise
L'IA est un levier.

Mais le levier doit être bien utilisé.

Dans le dernier chapitre, nous allons passer à l'action concrète :

� Un plan sur 30 jours.

� Semaine par semaine.

� Pour intégrer l'IA dans ta vie professionnelle.

Parce que comprendre est une chose.

Transformer ta réalité en est une autre.

Chapitre 10 : Construire ta vie IA-augmentée : le plan d'action sur 30 jours

La différence entre ceux qui lisent... et ceux qui transforment leur vie

Tu peux lire 300 pages sur l'intelligence artificielle.

Tu peux regarder 50 vidéos YouTube.

Tu peux sauvegarder 200 prompts.

Mais rien ne changera tant que tu ne passes pas à l'action.

La vraie transformation ne vient pas de l'information.

Elle vient de l'implémentation.

Ce chapitre n'est pas théorique.

C'est un **plan d'action concret sur 30 jours.**

Objectif :

- Intégrer l'IA dans ton quotidien
- Gagner du temps réel
- Créer un système
- Lancer une première source de revenu

Pas à pas.

Semaine après semaine.

Vue d'ensemble des 30 jours

Semaine 1 : Maîtrise fondamentale

Comprendre, tester, pratiquer.

Semaine 2 : Productivité maximale

Automatiser ton quotidien.

Semaine 3 : Création d'un actif rentable
Lancer un projet générateur de revenus.
Semaine 4 : Automatisation & expansion
Transformer l'effort en système.
SEMAINE 1 — Maîtriser les bases
Objectif :
Devenir à l'aise avec l'IA et l'utiliser chaque jour.
Jour 1 : Choisir ton outil principal

- Crée un compte ChatGPT (ou Claude).
- Explore l'interface.
- Teste 5 prompts simples.

Exemple :
Donne-moi 10 façons d'utiliser l'IA dans mon métier : ______.
Jour 2 : Apprendre la structure de prompt
Utilise la méthode :
Contexte → Rôle → Objectif → Contraintes → Format.
Fais 5 tests différents.
Jour 3 : Optimiser un document réel

- Améliore un email.
- Améliore ton CV.
- Reformule une présentation.

Commence à voir l'impact concret.
Jour 4 : Organiser ta semaine avec l'IA
Demande :
Voici mes tâches : ______.
Organise-les de façon optimale.
Jour 5 : Tester la création de contenu
Crée :

- 1 post LinkedIn
  ou
- 1 article court
  ou
- 1 newsletter

Jour 6 : Révision & amélioration
Analyse :

- Qu'est-ce qui t'a fait gagner du temps ?
- Où as-tu eu du mal ?
- Quels prompts ont bien fonctionné ?

Jour 7 : Mesurer le temps gagné
Note :

- Combien de minutes économisées ?
- Quelle tâche a été la plus optimisée ?

Prise de conscience importante.
SEMAINE 2 — Productivité maximale
Objectif :
Récupérer au moins 5 à 10 heures dans la semaine.
Jour 8 : Automatiser les emails

- Crée 5 templates.
- Configure une réponse automatique simple si possible.

Jour 9 : Optimiser les réunions
Teste :

- Résumé automatique

- Plan d'action généré par IA

Jour 10 : Structurer un rapport ou projet
Utilise l'IA pour créer un plan complet.
Jour 11 : Standardiser un process
Demande :
Crée une procédure standard pour ______.
Jour 12 : Identifier une tâche répétitive
Liste 10 tâches répétitives.
Choisis-en une.
Jour 13 : Automatiser cette tâche
Utilise :

- Zapier
  ou
- Make

Même un petit système suffit.
Jour 14 : Bilan semaine 2
Mesure :

- Heures gagnées
- Stress réduit
- Clarté améliorée

SEMAINE 3 — Créer ton premier revenu IA
Objectif :
Passer de productivité à monétisation.
Jour 15 : Choisir ton modèle
Parmi :

- Ebook
- Service rédaction

- Template
- Mini-formation
- Automatisation freelance

Décide.
Pas d'hésitation.

Jour 16 : Valider l'idée

Demande à l'IA :
Analyse le potentiel de cette idée : ______.
Puis valide avec 5 personnes.

Jour 17 : Structurer l'offre

Crée :

- Promesse claire
- Résultat précis
- Prix
- Positionnement

Jour 18 : Produire rapidement

Utilise l'IA pour créer :

- Plan
- Contenu
- Script
- Pages de vente

Jour 19 : Créer une page simple

Utilise :

- Canva
- Notion
- Systeme.io

Pas besoin de perfection.

Jour 20 : Lancer

Publie.

Annonce.

Propose.

Même à petite échelle.

Jour 21 : Ajuster

Analyse :

- Retours
- Objections
- Questions

Optimise.

SEMAINE 4 — Automatiser et scaler

Objectif :

Transformer l'effort en système.

Jour 22 : Créer un tunnel simple

Exemple :

- Lead magnet
- Email automatique
- Offre

Jour 23 : Automatiser l'onboarding

Email + accès + suivi.

Jour 24 : Créer un système de contenu

- 10 posts générés
- 1 mois programmé

Jour 25 : Optimiser ton positionnement

Demande :

Comment puis-je me différencier davantage dans ma niche ?

Jour 26 : Augmenter légèrement tes tarifs

Même +10 %.

Test.

Jour 27 : Identifier une deuxième source potentielle

Toujours construire en parallèle.

Jour 28 : Mesure financière

Combien as-tu généré ?

Même 100€ compte.

C'est une preuve.

Jour 29 : Analyse globale

Compare :

- Avant les 30 jours
- Après les 30 jours

Temps

Stress

Clarté

Revenus

Jour 30 : Plan sur 90 jours

Maintenant que tu as :

- Les bases
- Les systèmes
- Une offre

Demande à l'IA :

Crée un plan stratégique sur 90 jours pour développer cette activité.

Ce que tu devrais observer après 30 jours

Plus de clarté

Plus de rapidité

Moins de surcharge

Plus de confiance
Premiers revenus ou opportunités
Tu ne seras pas encore expert.
Mais tu ne seras plus débutant.

La transformation réelle

Au début de ce livre, peut-être que :

- L'IA te semblait complexe
- L'IA te semblait intimidante
- L'IA te semblait floue

Maintenant :
Tu sais quoi faire.
Tu sais comment faire.
Tu sais pourquoi le faire.

La vérité finale

L'IA ne remplacera pas les humains.
Mais les humains qui savent utiliser l'IA :

- Iront plus vite
- Gagneront plus
- Travailleront mieux
- Construiront des systèmes
- Vivront plus librement

Tu as maintenant les outils.
La question n'est plus :
Est-ce que ça fonctionne ?
La question est :
Vas-tu appliquer ?

Mot de clôture

Ce livre ne devait pas seulement t'informer.
Il devait te transformer.

L'intelligence artificielle est un levier.
Mais le levier a besoin d'une main pour l'actionner.
Cette main, c'est la tienne.
Commence aujourd'hui.

Don't miss out!

Visit the website below and you can sign up to receive emails whenever Yohan Legrand publishes a new book. There's no charge and no obligation.

https://books2read.com/r/B-A-BYGHF-CCZBJ

BOOKS 2 READ

Connecting independent readers to independent writers.

About the Author

Yohan Legrand, né en 1990, est passionné d'informatique depuis son plus jeune âge. Autodidacte, il s'est spécialisé dans l'optimisation du travail, l'automatisation et l'usage pratique de l'intelligence artificielle au service de la productivité.

Convaincu que la technologie doit rester un levier et non une contrainte, il accompagne professionnels et entrepreneurs dans l'intégration simple et efficace de l'IA pour gagner du temps, structurer leur activité et créer plus de valeur.

À travers ses écrits, il partage une approche claire, concrète et orientée action, avec une conviction forte : l'intelligence artificielle est réellement puissante lorsqu'elle augmente l'intelligence humaine.

www.ingramcontent.com/pod-product-compliance
Lightning Source LLC
LaVergne TN
LVHW060303051026
849517LV00003B/938
* 9 7 9 8 2 3 3 4 1 0 6 5 9 *